青海西宁湟水国家湿地公园自然教育系列丛书

青海西宁湟水国家湿地公园
湿地自然教育实践探究①

Qinghaixining Huangshuiguojiashidigongyuan

Shidiziranjiaoyu Shijian Tanjiu

宋秀华　尤鲁青　主编

青海人民出版社

图书在版编目（CIP）数据

青海西宁湟水国家湿地公园湿地自然教育实践探究 /
宋秀华，尤鲁青主编 . -- 西宁：青海人民出版社，
2022.12
（青海西宁湟水国家湿地公园自然教育系列丛书）
ISBN 978-7-225-06333-1

Ⅰ . ①青… Ⅱ . ①宋… ②尤… Ⅲ . ①沼泽化地—国
家公园—西宁—自然教育—教学研究—中学 Ⅳ .
① P942.441.78

中国版本图书馆 CIP 数据核字 (2022) 第 206281 号

青海西宁湟水国家湿地公园自然教育系列丛书

青海西宁湟水国家湿地公园湿地自然教育实践探究

宋秀华　　尤鲁青　　主编

出　版　人　樊原成
出版发行　青海人民出版社有限责任公司
　　　　　　西宁市五四西路 71 号　邮政编码：810023　电话：（0971）6143426（总编室）
发行热线　（0971）6143516 / 6137730
网　　　址　http://www.qhrmcbs.com
印　　　刷　青海新宏铭印业有限公司
经　　　销　新华书店
开　　　本　889mm×1194 mm　1/16
印　　　张　7.5
字　　　数　100 千
版　　　次　2022 年 12 月第 1 版　2022 年 12 月第 1 次印刷
书　　　号　ISBN 978-7-225-06333-1
定　　　价　78.00 元

编辑委员会

主编

宋秀华　尤鲁青

副主编

刘青豫　马成龙　杨出云

参编人员

马元杰	马文斌	马本欢	马成龙	马丽娜	王玉青	王发艳
王　荣	尤鲁青	文继德	吕建凯	朱海军	刘青豫	关蓉蓉
祁有琛	许佳伟	孙娇娇	孙雅静	李雪林	李启寿	杨出云
杨兴国	肖　锋	宋秀华	张海燕	张　晶	张　锐	陆阿飞
罗如鹏	季海川	周　彦	周　鑫	郑　玲	相进赟	顾焕佳
晁　静	徐佳佳	徐　晶	谈海燕	曹　倩	常　杨	梁媛娜
逯海章	谢成有	谢顺邦	臧妮娜	樊　鑫（按姓氏笔画排名）

主编单位

青海西宁湟水国家湿地公园管理服务中心

青海绿息教育信息咨询有限公司

青海省环境教育协会

前　言

青海地处青藏高原腹地，是长江、黄河、澜沧江的源头，被誉为"中华水塔"，在我国生态安全战略格局中具有特殊地位，是青藏高原生态屏障的重要组成部分。湿地是青海最重要的生态资源和生态基础，丰富的资源、多样的类型、强大的生态功能，使青海湿地成为我国乃至世界上影响力最大的生态调节区。青海孕育了丰富的高原湖泊湿地、沼泽湿地和河流湿地，是世界上高海拔地区生物多样性、物种多样性、基因多样性、遗传多样性最集中的地区，是高寒生物自然物种资源库。青海对国家生态安全、民族永续发展肩负着重大责任，必须承担好维护生态安全、保护三江源、保护"中华水塔"的重大使命。

2022 年 6 月 1 日《中华人民共和国湿地保护法》正式施行，这是我国首部专门保护湿地的法律，标志着中国湿地保护工作全面进入法治化轨道。党的十八大以来，青海省先后出台了《青海省湿地保护条例》《青海省关于贯彻落实湿地保护修复制度方案的实施意见》《青海省湿地名录管理办法》《青海省重要湿地占用管理办法（试行）》《青海省草原湿地生态管护员管理办法》等制度，依法保护湿地工作取得阶段性成效。根据第三次国土调查结果显示，青海省湿地面积 510 万公顷，占全国湿地总面积的 21.8%，湿地面积位居全国第一，有沼泽草地、内陆滩涂、沼泽地、森林沼泽四大湿地类型。目前，青海省有 3 处国际重要湿地、19 处国家湿地公园、32 处省级重要湿地。

青海西宁湟水国家湿地公园自 2013 年 12 月 31 日被原国家林业局批准进行试点建设、2018 年 12 月正式成为国家级湿地公园以来，西宁市林草部门以讲好"林与城""山与水""人与湿地"的故事，提高社会公众的参与度，扩大湿地宣教影响力，开展了一系列湿地自然教育体系研究和实践工作。编撰此书，旨在展示青藏高原湿地自然教育的发展脉络、城市湿地公园公众（青少年）参与保护的途径和方法等。鉴于编写者在学术水平及实践经验方面的局限性，书中难免存在疏漏或不严谨之处，敬请广大读者批评、指正。

编者

目 录

第一章
Chapter 1
青海省自然教育概况

青海自然资源本底条件丰富，自然保护地类型多元、保护价值高，自然教育工作强调重视系统性和多元性，强调国家公园示范省对"全民共享、全民参与、世代传承"目标的响应，强调相关行业制度规范建设的重要性和迫切性，强调重视探索协同发展、跨界合作的社会化工作创新模式。

保护湿地生态系统是湿地公园首要的生态目的，科普宣教的展示是重要的社会目的。自然教育强调自然保护的现实，思考人和自然之间的关系是否需要调整、优化、修复，促进人们理解、认同、保护、传播国家公园或自然保护地的意义，并参与实践和行动，从而形成对保护的深度认知，让公众思考湿地保护的重要性和传递湿地保护的意义。

1977 年在苏联第比利斯召开的政府间环境教育会议是环境教育发展史上的一个里程碑，会上明确环境教育的目标包括意识、态度、知识、技能与参与。环境教育被赋予"解决当前环境问题，并防止未来环境问题发生"的使命；自然教育则侧重于自然体验和重建人与自然的关系。环境教育定位为"在自然中的教育，与环境相关的教育和为了环境的教育"；自然教育定位为"在自然中的教育"。对于从不关注自然，不了解自然的一些公众来说，自然教育是走进自然、开启自然之门的第一步。

第一节 青海省自然教育发展

青海作为中国生态立省的典型、国家公园示范省，在自然教育体系建设方面做了诸多探索，特别是在自然教育设施建设、鼓励公众参与、本土课程与活动开发等方面开展了一系列具有青海特色、国家公园特点、产学研深度融合的自然教育创新体系的示范。

2019 年 4 月，国家林草局发布通知特别强调要充分发挥各类自然保护地社会功能，大力开展自然教育的要求和号召，让各种类型的自然保护地真正成为自然教育的前沿阵地。此后，国家林草局和中国林学会在林业系统中从两个层面来推动行业的专业化和规范化发展。2020 年 8 月，青海省林业和草原局首次制定《关于积极推进青海省自然教育工作的指导意见》。为进一步贯彻落实习近平总书记在参加十三届全国人大四次会议青海代表团审议时强调"在建立以国家公园为主体的自然保护地体系上走在前头，让绿水青山永远成为青海的优势和骄傲，造福人民、泽被子孙"的指示精神，按照《青海省贯彻落实〈关于建立以国家公园为主体的自然保护地体系的指导意见〉的实施方案》，2021 年 11 月，青海国家公园示范省领导小组正式印发《关于加快推进青海国家公园省自然教育高质量发展的指导意见（试行）》《青海省自然教育大纲（试行）》。

让自然教育顺势而为成为引导人们反思人与自然关系的抓手和路径，而不只是单纯感受自然的美好、野生动物的丰富。在习近平生态文明思想的指引下，正确认识人与自然的关系，是人与自然和谐发展的基本前提，自然教育作为人们认识自然、了解自然、理解自然的有效方式是传承和弘扬生态文化的生动实践，是新时代生态文明建设的重要抓手。

第二节 青海国家湿地公园自然教育概况

近年来，青海省稳步推进湿地保护恢复工程和湿地公园建设，以国家公园为主体、自然保护区为基础、各类自然公园为补充的自然资源保护地体系建设为依托，统筹山水林田湖草沙冰"生命共同体"为基点，采取自然修复与人工修复并重措施，融合推进湿地生态可持续发展，巩固提升全国湿地面积第一省的生态地位。

青海省有 20 处湿地公园，其中国家湿地公园 19 处，省级湿地公园 1 处，结合现有保护措施，开展了一系列的自然教育工作。一是重视户外设施，突出借助自然教育设施为公众提供自导式教育的机会；二是自然教育工作对象以青少年为主，但不局限于青少年，考虑广义的社会公众为目标人群；三是引导企业、社会组织等社会力量和资源加入，探索协同发展、跨界合作的社会化工作创新模式；四是从系统工作布局角度和开展湿地保护完整性角度考虑，强调相关行业制度规范建设的重要性和迫切性，并补充相关的保障措施；五是在行业主管部门的指导下，通过各保护类协会、自然保护地、高校、研究机构开展跨界合作。湿地自然教育为进一步提升公众湿地保护意识做出了有益尝试。

通过多年积极实践，青海省湿地公园自然教育初步形成了以"湿地＋自然教育"为主的创新型发展形态，初步形成了特色发展模式。但是，我们也清醒地看到，我省湿地工作起步晚，人们对湿地认识不足，保护鸟类、保护湿地环境的意识有待加强，在全社会尚未形成人人关心湿地、重视湿地、保护湿地的良好氛围。

第二章
Chapter 2
青海西宁湟水国家湿地公园
自然教育探索

西宁市是雄踞于世界屋脊青藏高原的一座古城,是青海省的省会城市,处于黄土高原与青藏高原过渡地带,属大陆性高原半干旱气候。西宁盆地是黄土高原的重要组成部分,坐落在黄土高原的最西段,黄河流域一级支流湟水河自西向东,穿城而过。以湟水河为界,分为南北两山,两条绵延起伏的黄土山脉夹持着缓缓东去的湟水河和谷地形成了西宁市的独特地貌。

青海西宁湟水国家湿地公园严格遵循国家湿地公园建设理念和发展方向,充分结合湟水河流域特色,以普及生态保护理念为导向。特别是近两年来,从形式相对单一的宣传活动变成形式多样、内容丰富的自然教育体验课程。通过多方协作和组织,以"走出去、带进来"等方式,在重要生态保护节日等时间点,组织开展了一系列自然教育活动,引导教育家庭和学生认知湿地,重视兴趣培养,让湿地自然教育活动更具影响力。

2019 年以前,青海西宁湟水国家湿地公园尚无本土湿地相关读本及课程,在世界自然基金会环境教育团队授权下,使用《生机湿地》和《我的野生动物朋友》等教材开展自然教育课程。截至 2022 年,以"湿地课堂 + 湿地学校 + 湿地科普馆 + 户外宣传标识系统"为自然教育基地,以打造优质自然教育读本、精品课程为目的,开展了系列自然教育读本编写、课程设计等专项原创开发工作,对我省湿地自然教育体系建设工作进行有力补充。

第一节 青海西宁湟水国家湿地公园自然教育

青海西宁湟水国家湿地公园从 2013 年试点到 2018 年正式建园,始终按照"湟水清水入城、湿地生态文化和地域文化展示平台、人与自然和谐共存的生态乐园"的要求, 在采取湿地修复、景观提升、设施修复等一系列保护措施的同时, 充分发挥湿地公园的科普宣教作用, 大力开展湿地保护宣传教育, 提高全社会湿地保护意识, 把保护湿地的宣传工作作为重要内容来抓, 通过多种形式开展宣传教育取得明显成效。

青海西宁湟水国家湿地公园让生态西宁更富有生机, 大片湿地犹如西宁城的肺, 持续提供着新鲜空气。站在高高的南北山, 鳞次栉比的高楼大厦中, 隐藏着水域、森林、绿道、景观。湿地公园内 20 余个湖泊星罗棋布, 为市民提供了休闲娱乐的空间, 同时也给众多的野生鸟类提供了栖息地。湿地公园建设之初, 就明确建设目标之一是为野生鸟类提供栖息环境, 于是在建设过程中也格外注重鸟类栖息环境的创造, 如建鸟类生境岛, 种植芦苇、香蒲等挺水植物, 为鸟类提供栖息筑巢的空间; 引种海棠、山杏、山楂等结果植物, 为鸟类提供食物补充。湿地公园独特的生态景观和自然感受也提升了西宁作为西北高原旅游城市的环境品质, 大大促进了西宁成为青藏高原区域内投资环境优良的创业城市、生态良好的宜居城市的建设进程。

科研团队对青海西宁湟水国家湿地公园进行了长达 7 年的持续评价研究。2020 年, 青海西宁湟水国家湿地公园为西宁市提供的生态系统服务高达 6.18 亿元, 内容涵盖休闲娱乐、科研宣教、固碳释氧、水源涵养、水质净化等 15 项, "一园辐射一城"的格局初步形成。

自然教育是建设西宁一流和谐宜居之都的生动实践, 可以让市民在享受城市优美生态环境的同时形成绿色健康的生态文明价值观, 共同感受和谐优雅的人文环境，实现"大地植绿，心中播绿"助力构建人与自然和谐共生的生态文明新风尚。开展自然教育是自然保护地（包括林场、森林公园、湿地公园、自然保护区）转变发展方式提高服务水平，增强社会吸引力，提升自身发展能力的重要选择，是市民绿色福祉的重要组成，是现代林业公共服务深化拓展的重要形式，更是推进园林绿化高质量发展的有效途径。

2020年7月，青海省林业和草原局湿地管理处、青海省湿地保护中心、青海西宁湟水国家湿地公园管理中心与青海省环境教育协会签订了《国家湿地公园自然教育合作框架协议》，协议的签订标志着西宁市湿地公园自然教育工作在科学保护生态、强化湿地修复的基础上，积极探索可复制、可推广、可持续的公众参与式保护地体系宣传和管理模式，将积累的科研成果转化为公众体验活动和课程。通过多年积极实践，青海西宁湟水国家湿地公园自然教育工作逐步形成了以"湿地生态、绿色发展"理念为指导，以"湿地+自然教育"模式为主的创新型发展形态。

第二节 湟水湿地自然教育体系介绍

青海西宁湟水国家湿地公园自然教育经过多年的实践积累，通过受众分析、资源盘点、主题提炼、功能划分、体系建设、管理机制等内容的探索，初步形成了一个包含了活动、师资、课程、媒介、设施、传播、运营、管理等要素构成的体系。在体系中，各要素之间功能互补，有效保证了自然教育工作的持续性和完整性，避免了自然教育工作的碎片化。在各要素中，课程、师资、活动为核心要素；媒介、设施为支撑要素；传播、运营、管理为保障要素。青海西宁湟水国家湿地公园目前在课程、师资、活动方面探索较多，作为省会城市的国家湿地公园，以其优越的地理环境和资源优势，为打造成自然教育示范基地提供了参考和示范。

为进一步深化自然教育成效，着力推动自然教育专家团队、优质读本、课程及志愿者队伍建设，逐步形成有湿地特色的自然教育体系，青海西宁湟水国家湿地公园经多年实践，探索出自然教育体系实践路径：一是确定自然教育受众，学校—青少年—家庭—社区；二是明确湿地自然教育思路，保护地—硬件设施—软件开发—团队建设—成果转化应用；三是湿地自然教育策划与实践，与项目实施单位沟通，确定项目内容、实施规模、投资情况、实施方式及地点，实现成果应用。具体工作流程如下：

·**编制工作方案**：根据工作方案，由项目实施单位起草活动工作方案，提交湿地公园服务中心审定并协商落地。

·**起草协议**：明确活动双方责任、义务、违约处罚、活动经费、成果应用等关键事项后签订协议。

·**编制实施方案**：依据工作方案、协议责任和义务要求，编制实施方案。

·**组织实施**：按实施方案确定的责任，分工负责、各司其职，按流程实施。

·**成果应用**：及时总结活动情况，包括成效、经验、教训并形成成果。

·**结果评估**：评估项目实施及经费使用的科学性、合理性、规范性以及活动组织的有序性、有效性等。

（一）自然教育课程

湿地自然教育课程是指开展自然教育活动的"教学"方案，课程一般包括受众、目标、教学方法、流程、背景知识、教具等内容。自然教育课程一般按照一定的主题设计，结合场域进行开发，有地域性限制，并结合不同的自然教育课程模块，最终形成自然教育教材。

自然教育课程是体系的重要组成部分，是体验者与湿地建立联系的重要桥梁。针对湟水河流域的自然生态、历史文化资源，各类科普场馆场地特点，结合实践经验和省外已有的成功案例，按照湿地植物、动物、生态系统、水文、地质、气候、文化、节气等主题编写教学活动教案，以自然游戏、自然体验、自然手工创作、调研活动、项目式学习等方式来凸显教育主题，宣传湿地公园的特殊意义，鼓励参与者成为湿地公园的宣传者、保护者、建设者。

湟水之春

Spring Of Huang Shui

春

春季的湟水湿地，河冰渐融，大地回暖，降水增加，草木萌新，春花绽放，冬候鸟翩翩离开，夏候鸟纷纷归来。

立春——白鹭立雪

雨水——冰河初融

惊蛰——春鸟知冷暖

春分——风筝伴花枝

清明——天清地朗

谷雨——柳丝织雨

青海西宁湟水
国家湿地公园
Qinghai Xining Huangshui River National Wetland Park

"湟水湿地的
二十四节气物候"

西宁市林业和草原局
青海西宁湟水国家湿地公园
青海绿息教育信息咨询有限公司
青海省环境教育协会

湟水之夏

Summer Of Huang Shui

夏

夏季的湟水湿地，气温升高，河水上涨，雷雨频频，草绿叶肥，夏花缤纷，鸟儿哺育幼雏，短夏生机无限。

立夏——草木纷碧色

小满——暖鸭信水游

芒种——水鸟浮潜

夏至——睡莲初绽

小暑——温风拂涟漪

大暑——金雨报凉意

青海西宁湟水
国家湿地公园
Qinghai Xining Huangshui River National Wetland Park

"湟水湿地的
二十四节气物候"
西宁市林业和草原局
青海西宁湟水国家湿地公园
青海绿息教育信息咨询有限公司
青海省环境教育协会

秋

湟水之秋

Fall Of Huang Shui

秋季的湟水湿地，温差增大，由凉转寒，空气干爽，秋色斑斓，植物渐眠，夏候鸟飞离湟水，冬候鸟回归湿地。

立秋——草药袭香

处暑——淡云送爽

白露——草木渐黄

秋分——夏鸟南迁

寒露——花露松风晓寒气

霜降——碧云初霜送冬来

"湟水湿地的
二十四节气物候"

青海西宁湟水
国家湿地公园
Qinghai Xining Huangshui River National Wetland Park

西宁市林业和草原局
青海西宁湟水国家湿地公园
青海绿息教育信息咨询有限公司
青海省环境教育协会

湟水之冬

冬
Winter Of Huang Shui

冬季的湟水湿地，严冬漫长，北风寒冷，雪封大地，草木酣梦，常留鸟勤勉觅食，冬候鸟数九相伴。

立冬——冬鸟来憩
小雪——泽泻沉雪
大雪——天鹅翩翩寒江雪
冬至——蒹葭茫茫迎日归
小寒——冰河闪光
大寒——雪蒲盼春来

"湟水湿地的
二十四节气物候"
西宁市林业和草原局
青海西宁湟水国家湿地公园
青海绿息教育信息咨询有限公司
青海省环境教育协会

青海西宁湟水
国家湿地公园
Qinghai Xining Huangshui River National Wetland Park

湟水湿地二十四节气 风土志

湟水湿地节气观鸟历（上）

青海西宁湟水
国家湿地公园
Qinghai Xining Huangshui River National Wetland Park

西宁市林业和草原局
青海西宁湟水国家湿地公园
青海绿息教育信息咨询有限公司
青海省环境教育协会

芒种　6月5/6日 —— 小鸊鷉
夏至　6月21/22日 —— 白骨顶
小暑　7月7/8日 —— 普通翠鸟
大暑　7月23/24日 —— 牛背鹭

清明　4月4/5日 —— 绿头鸭
谷雨　4月20/21日 —— 普通秋沙鸭
立夏　5月5/6日 —— 斑嘴鸭
小满　5月21/22日 —— 凤头鸊鷉

立秋　8月7/8日 —— 黑水鸡
处暑　8月23/24日 —— 文须雀
白露　9月7/8日 —— 罗纹鸭
秋分　9月23/24日 —— 红头潜鸭

节气
观鸟历

立春　2月4/5日 —— 鸳鸯
雨水　2月19/20日 —— 鹊鸭
惊蛰　3月5/6日 —— 大白鹭
春分　3月20/21日 —— 赤麻鸭

寒露　10月8/9日 —— 渔鸥
霜降　10月23/24日 —— 戴胜
立冬　11月7/8日 —— 反嘴鹬
小雪　11月22/23日 —— 黄头鹡鸰

大雪　12月7/8日 —— 大天鹅
冬至　12月21/22日 —— 太平鸟
小寒　1月5/6日 —— 苍鹭
大寒　1月20/21日 —— 黑鹳

立春	2月4/5日
雨水	2月19/20日
惊蛰	3月5/6日
春分	3月20/21日
清明	4月4/5日
谷雨	4月20/21日

立夏	5月5/6日
小满	5月21/22日
芒种	6月5/6日
夏至	6月21/22日
小暑	7月7/8日
大暑	7月23/24日

立秋	8月7/8日
处暑	8月23/24日
白露	9月7/8日
秋分	9月23/24日
寒露	10月8/9日
霜降	10月23/24日

立冬	11月7/8日
小雪	11月22/23日
大雪	12月7/8日
冬至	12月21/22日
小寒	1月5/6日
大寒	1月20/21日

 春
 夏
 秋
 冬

湟水湿地二十四节气 风土志
湟水湿地节气观鸟历(下)

青海西宁湟水
国家湿地公园
Qinghai Xining Huangshui River National Wetland Park

西宁市林业和草原局
青海西宁湟水国家湿地公园
青海绿息教育信息咨询有限公司
青海省环境教育协会

芒种　6月5/6日 —— 小䴙䴘
夏至　6月21/22日 —— 白骨顶
小暑　7月7/8日 —— 普通翠鸟
大暑　7月23/24日 —— 牛背鹭

清明　4月4/5日 —— 绿头鸭
谷雨　4月20/21日 —— 普通秋沙鸭
立夏　5月5/6日 —— 斑嘴鸭
小满　5月21/22日 —— 凤头䴙䴘

立秋　8月7/8日 —— 黑水鸡
处暑　8月23/24日 —— 文须雀
白露　9月7/8日 —— 罗纹鸭
秋分　9月23/24日 —— 红头潜鸭

节气
观鸟历

立春　2月4/5日 —— 鸳鸯
雨水　2月19/20日 —— 鹊鸭
惊蛰　3月5/6日 —— 大白鹭
春分　3月20/21日 —— 赤麻鸭

寒露　10月8/9日 —— 渔鸥
霜降　10月23/24日 —— 戴胜
立冬　11月7/8日 —— 反嘴鹬
小雪　11月22/23日 —— 黄头鹡鸰

大雪　12月7/8日 —— 大天鹅
冬至　12月21/22日 —— 太平鸟
小寒　1月5/6日 —— 苍鹭
大寒　1月20/21日 —— 黑鹳

立春	2月4/5日	立夏	5月5/6日	立秋	8月7/8日	立冬	11月7/8日
雨水	2月19/20日	小满	5月21/22日	处暑	8月23/24日	小雪	11月22/23日
惊蛰	3月5/6日	芒种	6月5/6日	白露	9月7/8日	大雪	12月7/8日
春分	3月20/21日	夏至	6月21/22日	秋分	9月23/24日	冬至	12月21/22日
清明	4月4/5日	小暑	7月7/8日	寒露	10月8/9日	小寒	1月5/6日
谷雨	4月20/21日	大暑	7月23/24日	霜降	10月23/24日	大寒	1月20/21日

 春　 夏　 秋　 冬

湟水湿地二十四节气 **风土志**

湟水湿地节气观草木历

青海西宁湟水
国家湿地公园
Qinghai Xining Huangshui River National Wetland Park

西宁市林业和草原局
青海西宁湟水国家湿地公园
青海绿息教育信息咨询有限公司
青海省环境教育协会

节气
草木历

芒种 6月5/6日
夏至 6月21/22日

立夏 5月5/6日
小满 5月21/22日

清明 4月4/5日
谷雨 4月20/21日

小暑 7月7/8日
大暑 7月23/24日

惊蛰 3月5/6日
春分 3月20/21日

立秋 8月7/8日
处暑 8月23/24日

立春 2月4/5日
雨水 2月19/20日

白露 9月7/8日
秋分 9月23/24日

寒露 10月8/9日
霜降 10月23/24日

立冬 11月7/8日
小雪 11月22/23日

大雪 12月7/8日
冬至 12月21/22日

小寒 1月5/6日
大寒 1月20/21日

立春	2月4/5日	立夏	5月5/6日	立秋	8月7/8日	立冬	11月7/8日
雨水	2月19/20日	小满	5月21/22日	处暑	8月23/24日	小雪	11月22/23日
惊蛰	3月5/6日	芒种	6月5/6日	白露	9月7/8日	大雪	12月7/8日
春分	3月20/21日	夏至	6月21/22日	秋分	9月23/24日	冬至	12月21/22日
清明	4月4/5日	小暑	7月7/8日	寒露	10月8/9日	小寒	1月5/6日
谷雨	4月20/21日	大暑	7月23/24日	霜降	10月23/24日	大寒	1月20/21日

春　　夏　　秋　　冬

1.河湟谷地文化二十四节气课程

青海西宁湟水国家湿地公园充分结合本地区气候特色创作出了河湟谷地文化特色二十四节气自然教育课程，该课程的编写和创作是根据本地的自然规律、环境特点和多元的文化，设计了各节气的阅读材料和趣味活动方案，兼顾培养参与者的科学与人文素养，创设了丰富的节气情境。知识体系涉及天文、动植物、农学、工程、物理、化学、数学、地理、艺术、文学、历史、社会、体育等领域，适合学校、国家公园、国家湿地公园、各级自然保护区、自然教育机构、博物馆等面向小学三年级及以上年龄人群及家庭开展，配合研发了湟水二十四节气观鸟历、花鸟书签等文创教具。目前课程处于实践和验证阶段，期待早日与读者见面。

2.湟水四季舞台剧

2021年9月，青海西宁湟水国家湿地公园在其微信公众号按月推出湟水四季舞台剧，其清新的文风、写实的手绘插画以及丰富的视频，一经推出便获得了大量粉丝的关注。12篇舞台剧以一年四季为主干，以每月自然风景、花鸟鱼虫的细微观察和季节的变迁为内容，从盛夏到寒冬，用四季的独特魅力为读者展示了湿地的生物多样性和城市湿地公园的野性这一原生态的精彩画面。

（二）自然教育师资

自然教育师资是自然教育课程的主要开发者，也是自然教育活动的组织实施者，师资水平决定了自然教育的效果。目前国内尚无国家认证的自然教育教师这一职业，自然教育教师一般从其他职业衍生而来，比如自然教育从业者、巡护员、学校教师、导游、志愿者等。

自然教育师资培训内容包含自然教育的概念和理念、自然解说、自然教育课程开发、各类自然教育活动策划、博物学基础、自然写作、自然艺术创作（如自然摄影、自然绘画、自然雕塑、自然手工）等。面对不同保护地、不同服务对象和具有不同背景的自然教育教师，需要匹配不同的培训课程和培训时长。自然教育教师需要接受长期、系统的培训，才能从事自然教育工作。目前国内自然教育师资无论是数量还是质量均在发展期，人才缺口大。

从 2019 年至今，青海西宁湟水国家湿地公园在省市林草部门的指导下，开展了 10 余期自然教育师资培训，参加培训的人员有技术专家、公园管理人员、科研团队、科学顾问、专业社会组织、志愿者、巡护人员以及基层社区人员等。

（三）自然教育活动

自然教育活动是指根据自然教育课程开展的活动过程，是自然教育的核心过程，包括室内外活动，由受众群体和自然教育师一起完成。常见的形式包括自然体验、自然观察、讲座、阅读、写作、艺术、手工、公众科学等。自然教育活动可以融合自然科学、自然感知、自然文学、自然艺术等领域，从多角度进行体验学习。

自然教育活动强调"本土化"，是在湿地公园、学校等具体的场所开展的，需要因地制宜。湿地公园结合"世界湿地日""野生动物宣传月""爱鸟周""科技活动周"等大型主题宣传日，积极走进企事业单位、社区、学校等地开展形式多样内容丰富的宣传活动。

在青海西宁湟水国家湿地公园的组织策划下，西宁市湿地学校师生先后走进青海刚察沙柳河国家湿地公园、青海湖国家级自然保护区鸟岛国际湿地、青海互助南门峡国家湿地公园等处开展了"湟鱼洄游季，见证生命奇迹，共护沙柳河湿地""守护大美青海鸟岛湿地，还鸟类安静美好栖息地""和自然握手，与生态拥抱"等主题丰富的湿地研学活动，开辟了一条从西宁市内到省内的本土研学之路。根据各要素选择各流派的内容和方法，青海西宁湟水国家湿地公园根据内容和教学方法创新以实现下述目标：

1. 通过自然教育主流中自然体验、自然游戏、自然艺术创作让学生建立与自然真切的联系，理解湿地生物多样性，提升对家乡的拥有感。

2. 通过自然教育中的生物多样性课程，让学生系统建立人与环境、人与人的关系，树立"生命共同体"的生态意识。

3. 通过博物学中的自然观察和自然笔记，让学生建立与家乡动植物的连接，了解本土科学知识。

4. 通过中科院体系的环境解说，让学生了解动植物的相关知识，思考人与自然的关系。

评估结果：研学营均超质量完成预定目标，所有营员都开始注意观察身边的植物、动物、水体、山脉等自然事物，开始喜欢上观察、记录、讨论、思考自然现象。大多数营员都是第一次以宏观视角认识湿地，了解自己家乡的山水，宏观的知识与具体的观察体验相结合，使大家更清晰、深刻地认识了自然，而且这些认识非常鲜活、牢固。

研学营结束后，营员还在继续思考人与环境、人与人、人与社会的关系，自己如何做能够让我们的环境可持续发展，树立了健康正向的生态道德观。生态文明观以非常具体、与个人体验直接相关的方式在大家心里落地生根。很多营员还持续关注湿地公园动态，期待参加后续的自然教育活动。随着青海西宁湟水国家湿地公园各类科普场馆和湿地学校建立，将有更多样、充足的专业场所和设施进入开展自然教育项目的视野，随着在湿地公园这块沃土继续深耕，也会挖掘出更多青海湿地独特的自然教育价值，进一步总结最新的自然教育模式，通过点滴实践为国家湿地公园高标准建设和生态文明落地添砖加瓦！

（四）自然教育媒介

自然教育媒介是指自然教育知识的软件载体，包括针对儿童、青少年、自然爱好者和公众的《自然绘本》《自然科普读本》《自然观察手册》和《自然解说手册》等。不同类型的媒介有不同的内容要求，《自然科普读本》故事性强，语言生动形象，以传递自然科学方法为主；《自然观察手册》照片清晰，科学知识丰富，文字严谨，以辅助自然科学研究为主；《自然解说手册》主题清晰，知识点全面，以传递自然科学知识为主。

自然教育媒介有很大的出版价值和传播价值，可以突破地域限制和人力限制，触达广泛的受众，特别是《自然绘本》，因其图文并茂、读者群同时覆盖儿童和成人的特点，往往具有很大的发行量。目前中国优质的自然科普绘本多为国外引进，国内缺乏原创自然科普绘本，具有很大的拓展空间。

著名教育学家陈鹤琴先生提出"大自然、大社会都是活教材"。我们的自然教育何尝不是，让孩子在与自然的接触中，用亲身的观察和体会获取知识，由此我们将环保理念的传播结合到孩子们的参与和体验中，除了用眼睛观察，用耳朵聆听，用手触摸，用鼻子闻，用心感受，从而让我们与自然建立起亲密的伙伴关系，爱自然就从这里开始，自然教育的种子开始播撒。怎样去影响身边的人，带动公众参与环保，热爱环保呢？

用声音来传播，让每一个热爱环保的人为环保发声，让孩子们为环保发声，在自然教育的体验过程中，不仅可以将感受记录下来，而且可以大声地分享出来。2020 年 1 月 18 日，青海省、西宁市林业和草原局共同主办"湿地与生物多样性——

湿地滋润生命"——2020 年世界湿地日青海主场宣传活动，严寒中青海西宁湟水国家湿地公园小雏菊朗诵艺术团的孩子们站在舞台中央，为台下的观众表演"大自然在说话"舞台剧，反响热烈，赢得了广泛的好评。

2022 年，12 名小雏菊志愿者分别饰演 12 种湟水湿地常见鸟类的系列科普解说视频制作完成，获得了共青团青海省委、共青团西宁市委和省市林业和草原局的推介。小雏菊志愿者用声音传递生态保护知识成为青海西宁湟水国家湿地公园的一大亮点。小雏菊志愿者们通过这样的方式参与湿地保护宣传，不仅锻炼了自己，而且提高了学习能力。

（五）自然教育设施

自然教育设施是指自然教育知识的硬件载体，包括自然科普解说标牌系统、自然科普馆/展陈馆/博物馆、自然教室等。

1. 解说标牌系统

解说标牌系统一般布设在户外，是最常见、最经济、最有效的自然教育设施之一。解说标牌要求文字简练有趣，排版美观，与场地资源密切匹配，揭示场地"看得见的现在"和"看不见的过去和未来"。青海西宁湟水国家湿地公园内按照功能区的不同，分布有各类形式多样的解说牌，访客可以通过自行参观获得自然教育体验，从而突破人力限制，大大扩展自然教育的受众面。

2. 自然科普馆 / 展陈馆 / 博物馆

自然科普馆 / 展陈馆 / 博物馆属于室内的自然教育设施，通过标本、展板、场景还原、声光电等形式，集中对场域进行展示。场馆要求参观逻辑动线清晰，展陈方式科学、生动、有趣。青海西宁湟水国家湿地公园建成的湿地科普宣教馆和室外宣教体系，打造了一处融生态保护、自然教育、自然体验、观光旅游等多功能于一体的高原城市湿地公园。

3. 自然教室

自然教室属于室内的自然教育设施，具有演讲、放映、阅读、互动等功能，也有一定的展陈功能。自然教室可通过限制房屋改造等方式进行建造，利用自然文化和人文景观打造主题鲜明、内容丰富的宣教场所，搭建了公众通过亲历湿地保护、自然体验、自然学习和自然教育的平台，凝聚公众保护湿地意识，调动社会各界参与保护湿地。青海西宁湟水国家湿地公园建成的自然教育室能为不同需求的公众提供自然教育体验。

（六）湿地自然教育传播

自然教育传播是指打造自然教育品牌的途径，包括线上和线下传播。线上传播包括自媒体和官方媒体平台，线下传播包括自然观察节、自然嘉年华等传播活动。

官方媒体平台主要传播自然教育工作的政策、经验总结等，体现自然教育工作的政府主导性。自媒体平台主要传播自然知识和自然科普，可以打造"网络大V"扩大自然教育的公众影响力，体现自然教育的全民性。线下传播活动效果较好，但受不可控因素影响较大，如季节、天气等。截至目前，青海西宁湟水国家湿地公园自然教育品牌传播主要以线上传播为主，传播平台主要依托湿地公园微信公众号和省内外官方媒体。

（七）湿地自然教育运营

自然教育运营是指开展自然教育活动的性质，包括以政府投资为主的社会公益性运营以及以社会资本为主的商业性运营。湟水湿地公园是以政府投资为主的社会公益性运营项目，政府出资，公众免费参与，体现自然教育的社会公益性。一般来说，社会公益性运营由政府购买社会服务，并进行监督和管理。

综上所述，国内目前自然教育及与之相关的教育形式主要有自然教育主流、环境教育、博物学教育和中国科学院体系下的自然教育等类型。在目标、方法等方面有共同之处，也有不同，分别有一些机构在这几个流派深耕。近年还涌现出一些创新，比如湟水湿地自然教育，博采众长，利用各种教育的优势开展符合本地特点和需求的自然教育探索，创新出适用本土、有实践验证、有生命力的自然教育模式。

第三章

湿地公园自然教育探索

第一节　国内自然教育及相关教育的异同点、优势及短板分析

项目	自然教育主流	环境教育	博物学教育	中国科学院体系下的自然教育
国内平台	全国自然教育论坛中国林学会自然学校总校	世界自然教育基金 WWF康奈尔大学（线上）	中科院北京植物所等	中国科学院植物所、动物所
目标	建立人与自然的健康联结	推动人成为整体环境的保护者（不止限于保护自然）	了解身边大自然的一切，掌握本土知识，成为"生活家"	普及正确的科学知识，推动人热爱植物、动物等及与其相关的科学知识
是否一定以保护自然为目标	是	是	否	不一定
教育内容	与自然有关的一切知识和理论，人与自然、人与人、人与社会的关系和价值观	与环境有关的一切知识和理论，包括人与自然、人与人、人与社会的关系和价值观	与本土自然和生活有关的一切。目前国内集中在植物、食物等方面	重点是植物、动物、人与自然的关系与价值观

续表：

项目	自然教育主流	环境教育	博物学教育	中国科学院体系下的自然教育
教育方法的特点	强调自然而然，通过自然体验、自然游戏等方式，让受众先热爱自然，然后了解自然，建立与自然的联结，最后再产生对自然保护的想法	强调课程体系和结构化的教案，从宏观到微观帮助受众系统化地了解物种、生态系统、生物多样性等。强调探究式和项目式学习方式	强调自然观察、自然笔记和收集分类标本，优秀的博物学素养是很多好自然教育导师具备的关键能力	强调环境解说、自然实验、自然探究的方式，近年也在尝试与主流自然教育方式融合
适宜场所	户外，自然生态环境，公园、植物园、动物园	室内＋户外，学校内（有疫情不方便外出时），自然生态环境，公园、植物园、动物园	户外，身边及野外的自然生态环境，部分公园、植物园	室内＋户外，中科院体系下的植物园、动物园等（自然解说），自然生态环境（自然解说），室内（实验和探究）
适宜的服务对象	未成年人，近年也在向成年人延伸	所有人	所有人	未成年人，近年也在向成年人延伸
对教师的要求	门槛比较低 国内有2种主要的培训体系，授予证书 不限入门专业和背景	门槛中低 WWF、康奈尔大学都有培训，授予证书 适宜有一些教学经验和自然知识的教师，能看懂教案	门槛比较高 国内有培训，但无权威证书 适宜真正了解本地自然知识、具备一定本土自然生活知识的人	门槛中等 有自然解说培训，授予证书 适宜有一定自然科学知识的人
教师成长的渠道	刚开始有培训，但后续的系统培训不足，交流平台也比较松散，教师提升速度和难度较大，主要依赖实践和同行交流	只要加入培训，平台支持教师的力度比较大，会组织后续培训，教师有系统的提升渠道	和主流自然教育一样，缺少系统培训，教师提升速度和难度较大，主要依赖实践和同行交流	刚开始有培训。在中科院体系内的教师们因为有兄弟单位的支撑，容易交流和成长。体系外的教师缺少这样的提升渠道
课程体系化	比较灵活、松散，课程不容易体系化，缺少实践的教师，不容易集合自然教育活动项目	高度体系化、结构化，适合做教育活动项目	比较灵活、松散，本土化特点很强，课程不容易体系化、项目化	课程体系化，种类比较清晰。中科院体系内的老师容易掌握并项目化

第二节　在湿地公园自然教育体系建设中推荐开展自然教育活动的具体模式

教育场所	教师背景	服务对象（具体操作还需分更细年龄段）	适宜采取的自然教育形式
自然生态环境	管护员、基层自然教育工作者或志愿者	12岁以下	难度不大的自然体验 丰富有趣的自然游戏 时间较长、简单易操作的自然艺术创造 部分的自然观察 辅以少量自然笔记、标本收集分类、本土动植物知识和部分活泼的环境解说
		12岁以上至成人	有一定难度的自然体验 少量有思考性的自然游戏 一定的自然艺术创造 有效率的自然观察 大量动手操作项目 更多的自然笔记、本土自然知识学习和标本收集 辅以简要有效的环境解说
	专业的自然教育教师	12岁以下	难度不大的自然体验 丰富有趣的自然游戏 时间较长的自然艺术创造 大量的自然观察 辅以少量自然笔记、标本收集分类、本土动植物知识和部分活泼的环境解说
		12岁以上至成人	有一定难度的自然体验、户外探险 少量有思考性的自然游戏 有节奏和质量的分享、讨论 一定的自然艺术创造 有效率的自然观察 大量激发思考和解决实际问题的探究式和项目式学习、动手操作 更多的自然笔记、本土自然知识和标本收集 更多的环境解说

续表：

教育场所	教师背景	服务对象 （具体操作还需分更细年龄段）	适宜采取的自然教育形式
湿地学校教室	管护员、基层自然教育工作者或志愿者	12 岁以下	适合室内的有趣的自然游戏 结构简单的环境教育课程 一定的自然艺术创造 少量的自然观察 辅以探究式的自然教育方式和环境解说 有效地分享和讨论 需要准备有效的自然道具
		12 岁以上青少年	有一定难度的适合室内的自然游戏 一定的自然艺术创造 少量的自然观察 部分探究式的学习方式 辅以简要有效的环境解说 增加分享和讨论的时间 需要准备充足、形式多样的自然道具
	学校教师或专业的自然教育教师	12 岁以下	适合室内的有趣的自然游戏 内容精准、有效的环境教育课程 一定的自然艺术创造 少量的自然观察 辅以探究式的自然教育方式和环境解说 有效地分享和讨论 需要准备形式丰富、有效的教学媒介和自然道具
		12 岁以上至成人	有一定难度的适合室内的自然游戏 一定的自然艺术创造 少量的自然观察 大量探究式和项目式学习方式 大量动手操作 辅以有效的环境解说 充足的分享和讨论的时间 需要形式丰富、有效的教学媒介和自然道具

第四章

湿地学校创建

　　青海西宁湟水国家湿地公园率先在青海省内创办了一批湿地学校，通过带领师生实地看、体验学等学习实践，重点培养其对湿地文化的浓厚兴趣，感悟湿地文化，感受自然课堂之美，增强学生亲近大自然的能力，激发中小学生"走进自然、热爱湿地、拥抱未来"的环保意识。2019年3月，在省市林业和草原局指导下，在湿地公园管理服务中心技术支持下，西宁市第一中学教育集团正式成为西宁市首家湿地学校。

在湿地学校开展自然教育实践，是宣传湿地、保护湿地、普及湿地知识的有效途径，是落实习近平总书记"三个最大"重大要求的具体行动，是建设国家公园示范省建设的重要窗口。特别是与学校、教育系统的合作，在学校素质教育和创新教育中补充自然和环境保护的内容，为传统的学校教育做"自然化""绿化"的工作。2021年10月，湟水湿地学校西宁市第一中学在青少年生态环境教育进课堂实践活动中积累了丰富的经验，发挥了示范引领作用，被共青团青海省委授予"共青团绿色课堂实践学校"称号。

第一节　湿地学校成立的意义

在校初中学生正处在世界观、人生观和价值观形成的关键时期，他们对环境保护问题的关心程度和环境保护意识的高低，将决定他们未来参与自然保护行动的程度。在中学成立以初中学生为主体的、与当地地域特色相契合的绿色环保志愿服务队是有必要且可行的。

湿地公园确定以青少年为主要宣传和服务对象后，通过开展各类环保主题学习、志愿宣传、社会实践及研学活动等，既可以增强初中生的环保意识，还能够有效培养初中生的环境保护素质，从而提升家庭、社区的保护意识。为推动"大美青海""幸福西宁"建设，打造绿色发展样板城市提升责任感和荣誉感，为学校绿色志愿服务和社会实践提供了平台和途径。

湿地学校成立后，以更加科学、系统的方式开展生态保护实践活动、培养具有环保技能的中学生"环保小卫士"、挖掘研究具有地方特色及一中特色的环保类校本教材、开发制定可复制推广的活动案例等都是值得探索的方向。此举对推动立德树人的教育根本任务，来最终实现形成以中学生志愿者为核心的绿色团队起到积极的作用。

第二节 湿地学校实践的成果

青海西宁湟水国家湿地公园以西宁市第一中学为"湿地自然教育"试点，将政府、学校和社会服务组织进行资源链接，实现资源互补的同时促进中学生参与社会实践活动。截至2022年，湿地公园在西宁市第一中学建立湿地学校试点后，新增建立了西宁市杨家庄小学、文汇小学、光华小学三所湿地学校。开展的自然教育活动受众广泛、主题丰富、形式多样、场所众多，实现了自然教育进学校的预期目标。

（一）"1913.夏扬"志愿服务队

为贯彻落实《中小学德育工作指南》和《关于推进青年志愿服务工作改革发展的意见》等文件精神，引导学生将研究性学习与社会实践相结合，不断增强学生的社会责任感、创新精神和实践能力，传播志愿者服务理念、营造文明校园、幸福西宁新风尚。2018年，西宁市第一中学以弘扬"奉献、友爱、互助、进步"志愿精神为主线，秉持"传承、开拓、奋进、创新"理念，在原"西宁市第一中学志愿服务队""西宁市第一中学浅草志愿服务队"的基础上，联合青海西宁湟水国家湿地公园积极打造了一支因地制宜、锐意创新的志愿服务队，即西宁市第一中学"1913.夏扬"志愿服务队。

西宁市第一中学在与湿地公园等社会资源长期合作的过程中，有计划、有目标、分类别地开展了系列志愿服务活动，主要涉及"扬温暖""扬绿色""扬传统"三大类。其中，"扬绿色"系列环保研学志愿活动尤为精彩纷呈。

西宁市第一中学在"1913.夏扬"志愿服务队基础上延伸成立了"1913.夏扬"环保社，在七年级和八年级群体中，广泛招募环保爱好者，通过竞选加入环保社团。每期社团招募30名学生，社团成员竞选选出团长、副团长和各部门负责人，一年一届，由校团委书记指导社团日常学习和活动组织，此举在校内掀起了湿地

保护学习热潮。

社团首批特邀成员：孟宪根、史卫东、王黎、徐丽、徐佳佳、张志法、马成龙、尤鲁青、李慧、李兵、张晓慧、李海萍、赵有录、刘贵平、李吉红、孟朝阳、李国庆、汪洋、熊伟、贾生清、王玮玲及部分环保社成员，自此拉开了西宁市第一中学在绿色道路上不断探索前进的序幕。湿地学校的成功实践，离不开西宁市教育局和共青团西宁市委的大力支持，为开展湿地自然教育行动奠定了坚实的基础。

（二）《湿地学校争章手册》

湿地学校将志愿服务与湿地研学实践、社团活动有机结合，以更加科学、系统地开展生态研学类实践活动，培养具有一定环保技能的中学生"夏扬小卫士"，并形成了湿地学校特色成果《湿地学校争章手册》。

（三）夏扬的梦

西宁市第一中学根据自然教育实践编制了《夏扬的梦——西宁市第一中学志愿者活动撷萃》，以保护自然湿地生态为主题，通过绿色志愿行动和自然教育案例，帮助学生学习湿地生态及人文知识，体验湿地的美丽，认识湿地对人类生存与发展的重要作用，增强学生尊重自然、顺应自然的保护意识。该手册以日记形式记录了湿地学校参与各类绿色环保活动的点滴。自然教育和湿地研学活动的有效开展，在一定程度上实现了丰富学生课余生活、锻炼学生坚强意志和培养学生良好道德品质和行为习惯的德育目标。

（四）建成省内首个校内湿地科普馆

2022年1月26日"世界湿地日"来临之际，首个校内"湿地科普馆"正式在湿地学校——西宁市第一中学落成，其意义在于以此为载体，让"绿水青山就是金山银山"的发展理念在广大师生的心中生根发芽，让"学校教育一个学生，带动一个家庭，进而影响整个社会"的生态文明建设观念蔚然成风，实现了让湿地走进校园，让校园走进湿地的双向通道，对于推进湿地自然科普教育、普及中小学生课外研学以及提高市民湿地保护的意识提供了可参考复制的样本。

亮点1：自然教育的理想地——青海省

如果要研究自然教育，青海省的生态环境具有很大的教育价值。青海的自然条件得天独厚，人与自然和谐共生，国家层面的重视也造就了得天独厚的自然教育条件。

亮点 2：高质量的自然教育团队——学校、家庭、社会机构

自然教育的课程体系完全基于当前学生和未来教师的需求而构建，具有三大特色：培养研究型教师，注重教学法学习，开展大量的教育实践。青海，有众多给学生开展自然教育的实践基地。

亮点 3：尊重学生的主体地位——学生始终是"主角"

以学生为中心，在现实和自然中引导学生主动发现问题，激发兴趣；激活自由性与独立个性，回归天性中建立人与大自然的联结，发展创造力。

亮点 4：就地取材——丰富的校内、校外教育实践基地

在青海的自然环境中就地取材，利用简单的教具开展丰富多彩的教学活动。基于学生的成长现象，灵活设计教学方案。

亮点 5：立足于运用教育——传递热爱自然的理念

自然教育通过运用教育，让学生积累大量实践性体验（如志愿服务、社团互动等形式），从而直接转化为实用经验，让学生在学习知识的同时学会学以致用。

亮点 6：终身学习——"授人以鱼不如授人以渔"

强调"终身学习"的教育理念，关注的是投入和过程，而不是结果。

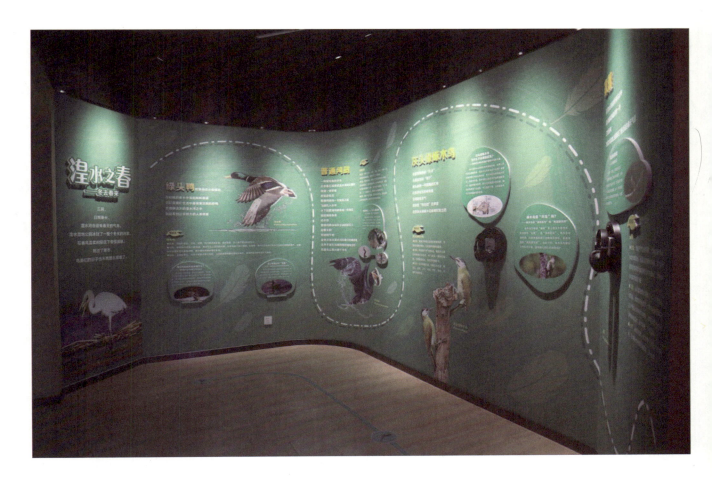

第五章
Chapter 5

湿地自然教育案例集

第一节　青海河湟文化二十四节气自然教育活动案例

习近平总书记在黄河流域生态保护和高质量发展座谈会上指出："黄河文化是中华文明的重要组成部分，是中华民族的根和魂。要推进黄河文化遗产的系统保护，守好老祖宗留给我们的宝贵遗产。要深入挖掘黄河文化蕴含的时代价值，讲好'黄河故事'，延续历史文脉，坚定文化自信，为实现中华民族伟大复兴的中国梦凝聚精神力量。"

黄河流域是中华文明的摇篮，黄河文化是一种在全世界都有重要影响的文明类型。河湟谷地对于发掘、建设黄河源头生态文明意义重大。青海省作为黄河的发源地，在黄河流域生态环境保护中责任重大，而河湟地区则是确保"一江清水向东流"的关键地区。

为了讲好黄河故事，传承河湟优秀文化，发掘高原生态价值，坚定文化自信，青海西宁湟水国家湿地公园研发了《青海河湟文化二十四节气自然教育读本与课程》，并于湿地课堂面向湿地学校的师生正式启动了河湟节气系列课程，活动案例如下：

案例一：

二十四节气课程秋分——自然脉动，一叶知秋

2021 年 9 月 23 日，青海西宁湟水国家湿地公园开展了"二十四节气课程秋分——自然脉动，一叶知秋"主题活动。同学们在自然讲师白杨老师的引导下，通过视觉、触觉、嗅觉、听觉等方式打开感官，在大自然与传统文化中共享了湿地秋分节气的多姿多彩。两所湿地学校——西宁市文汇小学和西宁市光华小学的30 余名师生共同走进秋色缤纷的青海西宁湟水国家湿地公园。

　　只有充分体验自然物候观察，才能逐步了解家乡的节气历史和文化，从而建立真正的文化自信。同学们通过仔细观察、讨论秋分节气河湟谷地的物候，学习了河湟谷地的节气规律与我国其他地区的共性以及自身鲜明的特点。接着同学们科学地"玩"起了叶片，观察秋分时五颜六色、形态各异的落叶，通过叶缘、叶尖、叶脉等要素来区别不同植物的叶片。

　　然后同学们在草坪、小溪旁收集多姿多彩的落叶，亲手制作了古典风格的叶片书签和叶片粘贴画，将所学知识点有效理解、联结，发挥创造力和想象力，将青海西宁湟水国家湿地公园的秋分物候变成一幅幅美丽、多样的自然艺术品。

　　同学们通过聆听、观察、思考、讨论、动手操作与分享，与自然亲密接触，将在学校学到的二十四节气歌与实际生活联系了起来，并且愉快地走进了植物的科学世界。

活动框架		具体内容
主题		二十四节气课程秋分——自然脉动，一叶知秋
设计意图		秋季湿地公园内许多树木开始落叶。植物的落叶情况与四季区分、节气变化密不可分。学生可以将落叶作为体验自然物候观察的切入点，学习通过叶片、叶缘、叶脉等元素给植物分类，并且探究河湟谷地的秋分节气规律
活动目标		1. 了解秋分节气湟水流域的基本物候 2. 知道秋季植物落叶的原因 3. 了解植物叶片构造的基本知识 4. 知道不同植物落叶时间与节气的关系，及背后的科学原理
活动准备		胶水，彩笔，A4 纸
活动流程	准备阶段	1. 了解秋分节气河湟谷地的物候 2. 欣赏与秋分有关的古诗和物候图片
	活动流程	1. 了解秋天的天气特点 2. 学习叶片构造基本知识 3. 认识不同植物叶片 4. 拓展：收集多姿多彩的落叶， 亲手制作古典风格的叶片书签和叶片粘贴画

案例二：

二十四节气课程寒露——金秋寒露，认识湟水鸟儿的家

　　2021年10月13日，青海西宁湟水国家湿地公园工作人员来到西宁市杨家庄小学，将"二十四节气课程寒露——金秋寒露，认识湟水鸟儿的家"主题活动带入湿地学校，为学生开展了寒露节气自然教育活动的第一场。西宁市杨家庄小学的师生作为主要受众参与了本次活动。

　　自然讲师以"青海西宁湟水国家湿地公园的鸟类巢穴"为切入点，引导学生了解在青海西宁湟水国家湿地公园自然物候观察的基本方法，学习青海河湟文化的二十四节气。同时在现场以"精彩鸟巢我来搭"手工活动，让孩子们通过实

践学习湿地水鸟知识，认识鸟儿的巢穴，培养青少年爱护鸟类爱护湿地的意识。

2021年10月15日，寒露节气自然教育活动的第二场在青海西宁湟水国家湿地公园湿地课堂正式启程，自然讲师带领西宁市第一中学的24位同学共同参与本次活动。

自然讲师融合初中的多学科知识，向学生介绍湿地公园在湿地保护、生物多样性恢复、野生动植物监测研究和气象监测等方面多年的努力与成效。

同学们通过学习，了解了青海河湟谷地在寒露节气特有的物候和文化和自然笔记的记录方法。同学们还通过观测湿地的野生鸟类，真切体验到湟水湿地的美好，产生了对家乡生态的自豪和热爱，从而愈加珍惜自然保护成果，增强了在生活中身体力行维护青海绿色生态的愿望。

活动框架		具体内容
主题		二十四节气课程寒露——金秋寒露，认识湟水鸟儿的家
设计意图		寒露时节是一年之中昼夜温差最大的时候，鸟类的行为是节气物候的重要组成部分，比如这段时间大部分鸟类不再频繁使用巢穴了。从鸟类使用巢的行为变化入手，学生可以通过鸟类形态各异的巢穴，了解它们的行为特点、生存智慧和自然保护的必要性，并且学习如何观察它们的行为特征，并结合气温、植物等物候来探究河湟谷地的寒露节气规律
活动目标		1. 了解寒露节气基本知识，知道秋季鸟类活动如何变化 2. 了解鸟类巢穴建造的基本知识 3. 知道不同鸟类筑巢的区别特点，及建造原理
活动准备		柔软的毛毯，望远镜，废纸板，塑料，画笔，落叶，枯枝，铁丝，黏土等
活动流程	准备阶段	1. 了解寒露节气河湟谷地的物候 2. 欣赏与寒露有关的古诗和物候图片
	活动流程	1. 了解寒露的物候特点 2. 学习鸟巢构造基本知识
		3. 认识不同鸟类的巢穴 4. 观测青海西宁湟水国家湿地公园野生鸟类 5. 拓展：开展"精彩鸟巢我来搭"手工活动，让孩子自己动手建造鸟巢

案例三：

二十四节气课程处暑——探访湿地里的二十四节气活动

2022年8月24日，青海西宁湟水国家湿地公园举行的"二十四节气课程处暑——探访湿地里的二十四节气"主题活动拉开序幕。西宁市第一中学的20名即将迈入初二的学生参加本次活动。

青海西宁湟水国家湿地公园工作人员马成龙老师作为自然讲师带领同学们参观科普馆。马老师为同学们介绍了青海西宁湟水国家湿地公园的基本信息，详细介绍了公园内部的植被花卉、鸟类走兽物种数目，着重介绍了当前节气——处暑的当季植被，以及鸟类在这个节气之时的特殊行为。

结束科普馆的旅程后，同学们来到湿地课堂，工作人员为同学们讲解了本次处暑节气课程的主干内容，并进行"知识抢答"小游戏，使同学们对刚刚马成龙老师讲解的生态、节气知识做了一个总结与回顾。

"实践出真知"——课堂上教授完理论知识后，同学们进入到实践环节。在外出观察之前，每位同学都收到了湟水公园首次投入使用的四季自然笔记，里面介绍了观察鸟类与植物的方法。同学们被分为植物组、节气组、鸟类组与湿地组等四个小组，各自由两名老师带队在湿地公园内进行观察记录，经老师指导后，每位同学在自然观察和记录方面都有了不小的收获。

最后，小组合作绘制完成自然观察笔记，并上台进行总结分享。每个小组都有细腻而独特的见解。大家从不同角度分享了在湿地公园内观察的成果、对湿地生态系统构成要素的理解，以及从生态系统的角度分析鸟类与植物的方法。

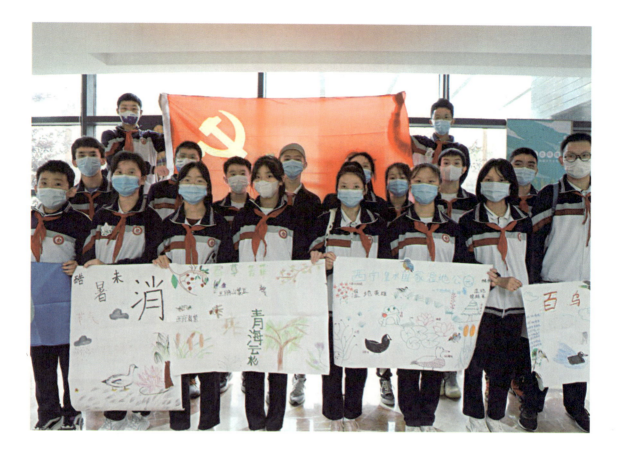

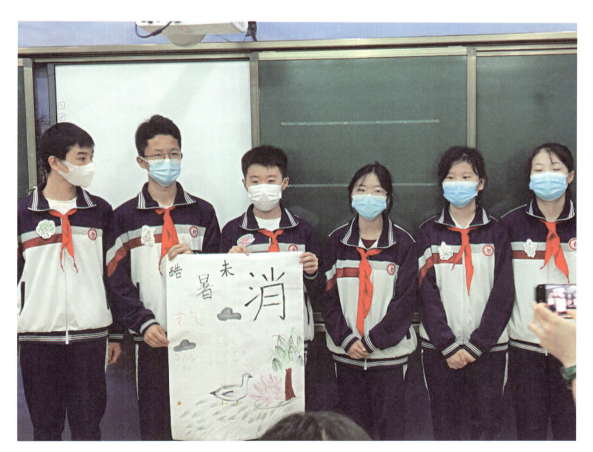

活动框架		具体内容
主题		二十四节气课程处暑——探访湿地里的二十四节气
设计意图		处暑是秋季的第二个节气，即为"出暑"，是炎热离开的意思。在这个阶段温度会发生明显变化，青海西宁湟水国家湿地公园内的各种动植物、各种环境都会发生变化。本课是以青海西宁湟水国家湿地公园各种自然物候变化为观察的切入点，探究河湟谷地的处暑节气规律
活动目标		1. 了解处暑节气基本知识，知道基本物候变化的现象 2. 了解发生变化的原因 3. 利用自然笔记将学到的知识与观察到的物候记录下来
活动准备		自然笔记本，彩笔，铅笔，刮刮卡，A3 白纸
活动流程	准备阶段	1. 了解处暑节气河湟谷地的物候 2. 欣赏与处暑有关的古诗和物候图片
	活动流程	1. 了解处暑的天气特点 2. 学习自然笔记制作基本知识 3. 认识青海西宁湟水国家湿地公园内不同的动物、植物 4. 进行户外自然观察 5. 拓展：分组制作自然笔记并展示

第二节 生态保护节日系列活动案例

以青海西宁湟水国家湿地公园为依托，以市民对生态产品的需求为出发点，围绕湿地资源多功能多角度的特点，充分利用各种环保节日开展自然教育活动，使得生态环保教育常态化，积极引进先进的理念探索自然教育发展路径。通过节日系列活动，使生态保护思想深入人心，带动大家走进自然、热爱自然、保护自然。案例如下：

案例一：

"世界湿地日"暨西宁市第一中学湿地科普宣教馆落成仪式主题宣传活动

2022年2月2日是第26个世界湿地日，为深入宣传我市湿地保护成效，进一步提高公众保护湿地的意识，1月26日上午，西宁市林业和草原局举办了"2022年世界湿地日启动仪式暨西宁市第一中学湿地科普宣教馆落成仪式"。相关单位领导、各方媒体及市第一中学的小环保卫士参与了本次活动。

本次活动由线上线下同步进行，西宁晚报、西海都市报、中新社、新华社、青海日报社等多家媒体同时进行现场报道。活动中，省、市林草部门相关领导就湿地生态保护成果作了宣传介绍，市第一中学负责同志介绍了学校湿地科普宣教馆建设情况。市第一中学的小环保卫士以《国家公园抒怀》朗诵及《河湟诗韵》展演等方式，展示了以西宁"古八景"为代表的河湟流域自然风貌和人文特色，引导公众关注生态、亲近自然、了解湿地、呵护湿地。

市第一中学分别向青海西宁湟水国家湿地公园管理服务中心、青海省环境教育协会、中国科学院西北高原生物研究所赠送锦旗，向湿地中心两位工作人员颁发"最美校外讲师"聘书。

湿地科普宣教馆的建成丰富了西宁市湿地建设自然生态教育的内容，对于推进湿地自然科普教育、普及中小学生课外研学以及提高市民湿地保护的意识都起到重要作用。

活动框架		具体内容
主题		"世界湿地日"暨西宁市第一中学湿地科普宣教馆落成仪式主题宣传活动
设计意图		通过世界湿地日等环保节日，抓住西宁市第一中学湿地科普宣教馆落成契机，开展自然教育展示活动，宣传西宁市的湿地保护成效，进一步提高公众保护湿地意识
活动目标		1. 宣传湿地生态保护成果，引起公众关注与重视 2. 展示湿地科普宣教馆建设情况，增加湿地学校的影响力 3. 通过展演体现河湟流域自然风貌和人文特色，引导公众关注湿地保护
活动准备		横幅，服装，展演节目
活动流程	准备阶段	1. 扩大宣传，保证影响范围 2. 准备体现河湟流域特色的节目作品
	活动流程	1. 省、市林草部门相关领导就湿地生态保护成果做宣传介绍 2. 市第一中学负责同志介绍学校湿地科普宣教建设情况 3. 小环保卫士朗诵《国家公园抒怀》 4. 小环保卫士展演《河湟诗韵》 5. 赠送相关单位锦旗，并颁发"最美校外讲师"聘书

案例二：

"爱鸟周"公众参与爱鸟护飞行动在宁湖湿地举行

2020 年 4 月 19 日，青海西宁湟水国家湿地公园管理服务中心在青海省"爱鸟周"来临之际，在宁湖湿地举办以家庭形式参与的鸟类护飞暨湿地公园亲子科学观鸟活动。通过活动向青少年及家庭宣传鸟类保护和湿地保护的重大意义，普及识鸟爱鸟护鸟知识，进一步提高公众对生态保护和鸟类资源保护意识。共有 40 多个家庭和 100 多名公众参与了本次活动。

活动中共观察到太平鸟、白头鹎、凤头䴙䴘、小䴙䴘、鸳鸯、长尾鸭、白骨顶、渔鸥、普通鸬鹚、绿头鸭、斑嘴鸭、普通秋沙鸭、白鹡鸰、黄头鹡鸰、水鹨等野生鸟类 20 多种，充分体现了西宁湟水国家湿地公园丰富的生物多样性、健康的鸟类栖息地和良好的鸟类保护措施，引来观鸟者浓厚的兴趣和不绝的赞叹。活动最后举行了有奖问答，并征集到摄影作品 25 张，自然笔记 5 篇，并在现场向优秀作品创作者赠送了纪念品。

活动现场，来自中科院西北高原生物研究所副研究员李来兴及青海观鸟会（筹）部分观鸟爱好者为活动参与者提供观鸟指导和科普。参与者以 8 ~ 12 岁的儿童居多，来自杨家庄小学四年级的马子轩同学说："我年前参加过青海湖观鸟活动，从那时起就很喜欢自然。鸟儿是最容易观看的野生动物，平时在家也能听到动听的鸟鸣。在爸爸妈妈的陪伴下走进城市湿地近距离观鸟，非常开心。"他表示活动结束后也要为保护鸟类发声，呼吁更多的人走进湿地了解鸟类，保护鸟类和它们的家园。

宣传活动提高了中小学生及广大市民保护鸟类栖息地、爱护湿地的意识，倡导公众积极加入关注湿地、保护湿地的行列，为共同打造鸟语花香、山川秀美的新西宁贡献力量。活动结束后，孩子们纷纷展示自己观鸟的记录，家长们也发表感言，分享此次活动的体会。

活动框架		具体内容
主题		"爱鸟周"公众参与爱鸟护飞行动
设计意图		通过"爱鸟周"环保节日，举办以家庭形式参与的鸟类护飞暨湿地亲子科学观鸟活动，向青少年及家庭宣传鸟类保护和湿地保护的重大意义，普及识鸟爱鸟护鸟知识，进一步提高公众对生态保护和鸟类资源保护意识
活动目标		1. 学习正确观鸟方式、方法及注意事项 2. 科普湿地鸟类知识，掌握鸟类辨别技巧 3. 展示鸟类的重要性，普及鸟类保护措施
活动准备		望远镜，照相机，画笔，自然笔记本，纪念品
活动流程	准备阶段	1. 提前了解观鸟方式、方法及注意事项 2. 查阅资料，辨别不同湿地鸟类
	活动流程	1. 专业人员为活动参与者提供观鸟指导和科普 2. 带领公众观测西宁湟水国家湿地公园内鸟类 3. 通过举行有奖问答帮助巩固记忆 4. 征集摄影作品、自然笔记 5. 颁发礼品

案例三：
湿地学校第一课"探秘地球"开讲啦！

在"世界地球日"到来前夕，青海西宁湟水国家湿地公园管理服务中心、青海省湿地保护协会和青海省环境教育协会精心筹备了"2020年世界地球日"活动。西宁市湿地学校60余名七年级师生走进青海省自然资源博物馆参加本次活动。

在博物馆工作人员的带领下，师生着重了解了地球科学厅，通过"梯形和球形LED屏"让参观者身临其境地感知宇宙与地球；"青海地质年代岩性标本环"直观反映了青海的地质演化史；"裸眼3D"技术形象演绎青藏高原的隆升及其高原独特的地理地貌、自然资源和生态环境。

青海省自然资源博物馆以"山水林田湖草生物矿产"为主线，向师生们展示了大美青海壮美丰富的自然资源。实体沙盘与巨型弧屏相结合的综合展示系统，给人一种震撼的、强烈的视觉冲击力。青海省作为"万山之宗""中华水塔""千湖之地"美誉华夏；青海省湿地面积全国居首，并拥有中国四大牧区之一；青海省还有绿色资源总量突出、生物多样性独特、矿产资源储量可观等特点。

来自玉树州曲麻莱县生态管护员文校为湿地小卫士讲述了自己参与生态保护的故事。听说文校叔叔是"2019年桃花源巡护员奖"获得者，同学们惊叹不已，期待有一天也能走进三江源腹地去探访那里的人文和景观。

举办"世界地球日"等生态保护主题活动，旨在通过开展绿色志愿行动，引导学生学习生态保护知识、体验生物多样性之美，实现"珍爱地球，人与自然和谐共生"的共鸣，从而增强学生敬畏自然、尊重自然、顺应自然、保护自然的意识。

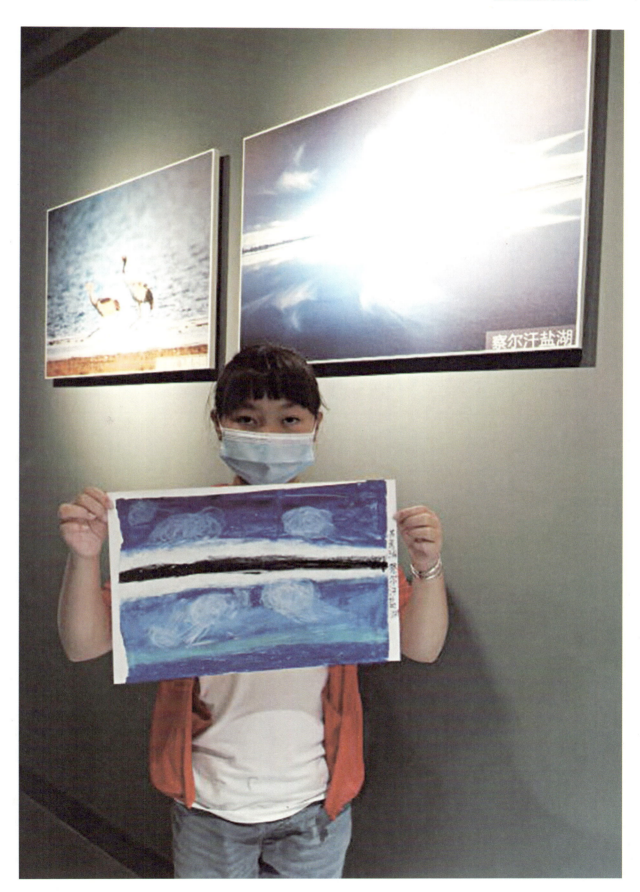

活动框架		具体内容
主题		"2020年世界地球日"活动
设计意图		通过"世界地球日"环保节日，向青少年传播地球、青藏高原、青海地理知识，帮助学生学习生态保护知识、体验生物多样性之美，实现"珍爱地球，人与自然和谐共生"的共鸣，从而增强学生敬畏自然、尊重自然、顺应自然、保护自然的意识
活动目标		1.学习关于青海省和青藏高原的宏观层面地理知识 2.科普青藏高原的隆升及其高原独特的地理地貌、自然资源和生态环境 3.了解青海的生态地位
活动准备		自然笔记本，望远镜，照相机，画笔
活动流程	准备阶段	1.提前了解地球基本信息 2.查阅资料，了解青藏高原地理位置、生态地位
	活动流程	1.博物馆工作人员带领学习宇宙与地球知识 2.通过相应设备演绎青藏高原的隆升及其高原独特的地理地貌、自然资源和生态环境 3.生态管护员讲授经验故事 4.互相印证收获，交流分享

第三节 培训交流系列活动案例

国家湿地公园是国家培育和保护湿地资源的主力军，在生态环境保护中发挥着重要的示范带动作用，在国家公园示范省创建中具有"压舱石"的地位。青海西宁湟水国家湿地公园为加快培养自然教育人才，培养具有专业讲授能力、解说能力、自然教育活动执行能力、课程优化能力的自然教育师资队伍，弘扬湿地精神，不断创新湿地自然教育工作机制，促进湿地保护意识和保护能力提升，开展了许多培训交流系列活动，案例如下：

案例一：

青海西宁湟水国家湿地公园师资自然教育培训

2020 年 9 月 20 日，由西宁市林业和草原局主办的"2020 年青海西宁湟水国家湿地公园师资自然教育培训第一期湿地管理人员培训"在青海西宁湟水国家湿地公园成功举办。共有管理人员、巡护人员约 25 人参与了本次培训。培训邀请到中国科学院西北高原生物研究所专家团队为青海西宁湟水国家湿地公园管理人员进行了室内培训和户外自然观察实践培训。

室内培训，由鸟类学家李来兴通过湿地基本概念、湿地公约介绍、湿地科学记录和湿地监测维护等方面为湿地管理人员讲授了湿地保护与合理利用的重要意义以及湿地管理工作的内容及指标；并从湿地生物多样性保护角度，为参与者开展了昆虫识别课程，从昆虫的外部构造、昆虫的分类、昆虫的生长发育及昆

虫的标本与制作四方面为湿地管理人员讲述了湿地常见昆虫的种类及辨认方法；
接着从湿地水鸟的定义、生态类型、鸟的结构、常见水鸟识别四方面为湿地管理
人员讲述了渔鸥、普通翠鸟、大白鹭、灰雁、斑头雁、赤麻鸭、赤膀鸭、绿头鸭、
绿翅鸭、斑嘴鸭等湿地常见鸟类的基本特征。

在理论知识环节结束后，全体人员来到青海西宁湟水国家湿地公园户外场
所，在专家指导下观测湖面水鸟。湿地工作人员通过学习观察水鸟外部特征及生
态特点，进一步加深了理论知识在实际工作中的运用。之后全体人员来到了人工
湖附近，观察到了北红尾鸲、黄腹柳莺、小䴙䴘及幼鸟等鸟类的外部形态特征，
并初步学习了如何拍摄鸟类并讨论、分享拍摄技巧。湿地工作人员在实践当中热
情互动，纷纷表示通过这次培训不仅学到了必备的工作知识和技能，同时还愈加
感受到作为湿地保护者的工作价值和重大意义。

活动框架		具体内容
主题		青海西宁湟水国家湿地公园师资自然教育培训
设计意图		由生态保护、物种研究与自然教育相关领域专家团队为青海西宁湟水国家湿地公园管理人员进行室内培训和户外自然观察实践，增加其知识储备与相关技能，提升专业能力
活动目标		1. 掌握湿地保护与合理利用的重要意义以及湿地管理工作的内容及指标 2. 科普昆虫识别技巧 3. 学习湿地常见鸟类的基本特征
活动准备		笔，自然笔记本，照相机，望远镜
活动流程	准备阶段	1. 增加相应基础知识储备 2. 提前了解相应技能技巧
	活动流程	1. 讲授湿地基本概念、湿地公约介绍、湿地科学记录和湿地监测维护四方面知识 2. 讲授昆虫的外部构造、昆虫的分类、昆虫的生长发育及昆虫的标本与制作四方面等湿地常见昆虫的种类及辨认方法 3. 讲授湿地水鸟的定义、生态类型、鸟的结构、常见水鸟识别四方面知识 4. 在专家指导下观测湖面水鸟，贯彻理论知识

案例二：

湿地学校教师走进南门峡国家湿地公园交流学习

2020年10月17日，由青海西宁湟水国家湿地公园主办的"走进国家湿地公园，体验南门峡自然教育活动"在青海互助南门峡国家湿地公园举行，共有50名西宁市第一中学湿地班主任教师参与此次活动。

在一天的体验活动中，久违自然的老师们在中科院西北高原生物研究所科普志愿者的带领下，初步了解了湿地生物多样性知识、参与了趣味植物认知互动和观鸟初体验，并在湿地公园工作人员的引导下沿进行了五公里沿河徒步体验。

数学教师许芸的体会是：自然教育是真爱、真信、真实的教育，是释放孩子本源天性的教育。它通过大自然的力量去激发孩子的潜在力，从而培养孩子的品格和习惯。自然教育只有做得好了，才能够给孩子受益的人生。

语文教师冯娜的体会是：每个人的潜意识中，都有着对自然的热爱，而自然教育的作用，就是激发热爱。走近自然，才能看见最美丽的世界。

数学教师李慧的体会是：我不仅欣赏了自然秀美的风光，学习了湿地保护知识，也感受到了老师们热情洋溢的精神风貌。老师们走出校园，为自己的生活注入了新鲜的活力，也为绿色环保贡献了一分力量。

中国科学院西北高原生物研究所科普志愿者程庭峰同学的体会是：第一次参加亲近自然的科普活动，我们将所学知识向参与者进行了传播，自己也感受到了自然的魅力，获得了老师们分享的人文知识，受益匪浅。希望以后还能有机会和大家一起，为美好的自然环境贡献一分力量。

活动框架		具体内容
主题		湿地学校教师走进南门峡国家湿地公园交流学习
设计意图		通过学习、交流青海互助南门峡国家湿地公园的生态保护、自然教育以及生物多样性知识，拓展知识面，提高自身自然教育水平，增强专业能力
活动目标		1. 更全面地了解湿地生物多样性知识 2. 体验不一样的湿地生态环境 3. 提升自然教育水平
活动准备		笔，自然笔记本，照相机，望远镜，参加者自行准备适合徒步的户外装备
活动流程	准备阶段	1. 增加互助南门峡国家湿地公园生物多样性知识 2. 了解地理气候特征，准备相应防护措施
	活动流程	1. 讲授青海互助南门峡国家湿地公园生物多样性知识 2. 开展趣味植物认知互动和观鸟初体验等活动 3. 公园内五公里徒步体验 4. 各位老师分享交流收获

案例三：

"湟鱼洄游季 见证生命奇迹——共护沙柳河湿地"主题自然体验活动

2019年6月15日，青海西宁湟水国家湿地公园、青海刚察沙柳河国家湿地公园及西宁市第一中学教育集团共同组织了"湟鱼洄游季 见证生命奇迹——共护沙柳河湿地"主题自然体验活动，西宁市第一中学教育集团的60名师生和刚察县民族寄宿制初级中学的20名师生于青海刚察沙柳河国家湿地公园共同参与了本次自然体验活动。

通过开展观鱼、观鸟和观植物等系列活动，让师生们认识了青海特有鱼类——青海湖裸鲤（湟鱼），了解了湟鱼洄游的原因以及湟鱼的生存现状，以及青海湖"水—鸟—鱼"生态系统的重要性，了解了生命的存在方式、生命之间的相互联系以及生命对于自然界的意义等，进一步唤起了每一名参与者的生态保护意识。

将在青海刚察沙柳河国家湿地公园所学知识与技能与青海西宁湟水国家湿地公园对照思考，将取得"1+1＞2"的触类旁通效应，每一位参与者对生态保护的认识将会达到新的高度。

活动框架		具体内容
主题		"湟鱼洄游季 见证生命奇迹——共护沙柳河湿地"主题自然体验活动
设计意图		通过学习、交流青海刚察沙柳河国家湿地公园的珍稀物种——青海湖裸鲤（湟鱼）相应知识，拓展学习青海湖"水—鸟—鱼"生态系统相关知识，提高自身生态保护水平
活动目标		1. 了解青海特有鱼类——青海湖裸鲤（湟鱼）相关知识 2. 体验学习青海湖"水—鸟—鱼"生态系统 3. 印证提升对青海西宁湟水国家湿地公园认知水平
活动准备		笔，自然笔记本，照相机，望远镜
活动流程	准备阶段	1. 预先了解青海刚察沙柳河国家湿地公园生物多样性知识 2. 了解地区地理气候特征，准备相应防护措施
	活动流程	1. 通过开展观鱼、观鸟和观植物等系列活动，增加青海刚察沙柳河国家湿地公园生物多样性知识 2. 了解湟鱼洄游的原因以及湟鱼的生存现状 3. 讲授青海湖"水—鸟—鱼"生态系统的重要性 4. 延伸讲解生命的存在方式、生命之间的相互联系以及生命对于自然界的意义

第四节　湿地学校发展活动案例

青海西宁湟水国家湿地公园自然教育以青少年为主要宣传和服务对象，通过采用"湿地学校 1+X"的创新模式，以湿地学校作为自然教育基地与主要受众，开展各类环保主题学习、志愿宣传、社会实践及研学活动。既可以在青少年价值塑造过程中注入生态保护精神，还能够有效培养青少年的环境保护素质，从而提升家庭、社区的保护意识。案例如下：

案例一：
西宁首个"湿地学校"在西宁市第一中学落地

2019 年 3 月 13 日，青海西宁湟水国家湿地公园与西宁市第一中学共同举行"西宁市湿地学校"授牌仪式暨"夏扬·环保社"成立仪式，旨在进一步在广大学生中培育和践行社会主义核心价值观，引导学生将研究性学习与社会实践相结合，不断增强其社会责任感、创新精神和实践能力，营造文明校园、幸福西宁新风尚，让环保知识、活动进校园。

2018 年以来，西宁市第一中学"1913.夏扬"志愿服务队先后在青海西宁湟水国家湿地公园、西宁园林植物园、西宁市野生动物园、人民公园等处开展"走进湿地，关爱湿地——共护高原夏都绿色发展新未来""探索植物世界，倾听大自然""关爱野生动物，共护和谐家园"及"守护绿色，我要发声——小小环保宣讲员"等主题自然教育活动 10 余次，有 300 多名中学生志愿者参与到了环保学习实践活动中。

基于此，西宁市第一中学"1913.夏扬"志愿服务特色品牌延伸成立西宁市第一中学"夏扬.环保社"，借助有志于环保志愿服务的同学传播环保知识，通过社团活动带动更多的同学参与并成为环保志愿者，用行动影响身边人，并从志愿者成为践行生态保护的实践者。

该环保社以更加科学化、系统化开展系列符合中学生实际的环保活动，引导有热心有爱心的青少年投身环保活动，提高自身环保意识与技能，切实发挥中学生环保志愿者的重要作用，大力宣传环保知识，倡导中学生积极参与到环境保护活动中来。

活动框架		具体内容
主题		西宁首个"湿地学校"在西宁市第一中学落成
设计意图		通过建立湿地学校,进一步在广大学生中培育和践行社会主义核心价值观,引导学生将研究性学习与社会实践相结合,不断增强其社会责任感、创新精神和实践能力,营造文明校园、幸福西宁新风尚,让环保知识、活动进校园
活动目标		1. 成功建立西宁首个"湿地学校" 2. 宣传生态文明理念及风尚 3. 大力宣传环保知识,倡导中学生积极参与到环境保护活动中来
活动准备		横幅,湿地学校证书,夏扬·环保社证书
活动流程	准备阶段	1. 做好宣传工作,扩大影响力 2. 总结已取得成就,做好未来规划
	活动流程	1. 开展"西宁市湿地学校"授牌仪式暨夏扬·环保社成立仪式 2. 陈述西宁市第一中学"1913.夏扬"志愿服务队志愿成果 3. 做好生态环保理念宣传 4. 展望湿地学校未来发展道路

案例二：

首家湿地学校成立一周年

2020年5月21日，在国际生物多样性日前夕，西宁市第一中学教育集团2020年打造湿地景观自然教室立项启动暨西宁市湿地学校成立一周年表彰仪式在西宁市第一中学举行。此次表彰仪式得到了省林业和草原局、西宁市林业和草原局、西宁市教育局、共青团西宁市委、青海西宁湟水国家湿地公园管理服务中心等单位的大力支持。相关单位领导、学生志愿者参与本次活动。

西宁市第一中学校党委书记史卫东说："2020年，我们将继续深化推进湿地学校建设，让'绿水青山就是金山银山'的发展理念在广大师生的心中生根发芽，让学校教育一个学生，带动一个家庭，进而影响整个社会的生态文明建设观念蔚然成风。"

省林草局副局长王恩光说："社会的发展，自然教育和生态文明教育非常重要。感谢校领导和各位老师有睿智的眼光提前介入生态文明建设。"

原青海西宁湟水国家湿地公园管理服务中心主任张志法表示，通过近两年来湿地学校志愿服务活动的深入开展，为展示我省国家湿地公园风采和湿地建设成果，建立青少年参与生态保护的示范和模式探索，取得了一定的成效。

中学生志愿者代表韩越发言说："我也是夏扬环保社的一员，我很荣幸加入了这个团体，让我有机会了解湿地、走进湿地、保护湿地。与其说我们保护着湿地，不如说湿地护我们一世周全。"

仪式最后，西宁市第一中学教育集团、省市林草局、市教育局和共青团西宁市委、青海西宁湟水国家湿地公园管理服务中心领导为一年来西宁市第一中学涌现出来的30名优秀的中学生湿地志愿者进行表彰，并留言寄语。

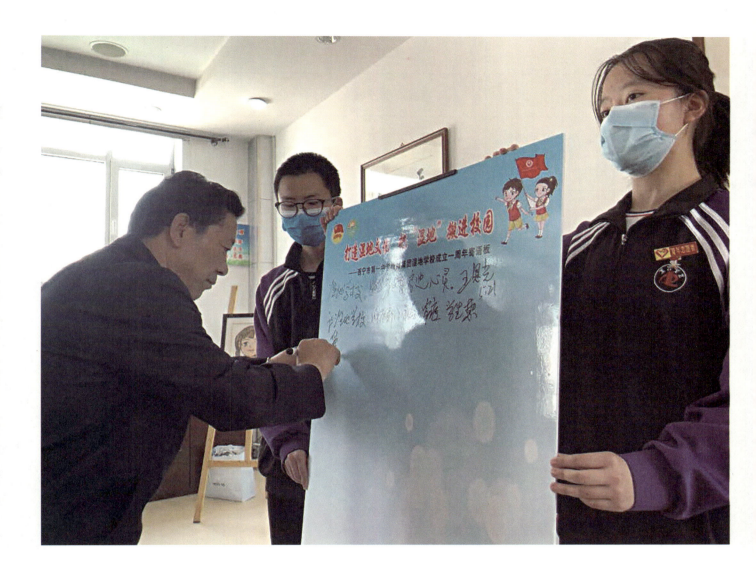

活动框架		具体内容
主题		首家湿地学校成立一周年
设计意图		通过举办湿地学校成立一周年仪式，表彰湿地学校为生态保护作出的贡献，使其具有使命感与荣誉感，进而营造文明校园、幸福西宁新风尚，让环保知识、活动进校园，为扩大湿地学校规模与数量做准备
活动目标		1. 表彰首家湿地学校成立一周年 2. 吸引更多社会公众加入生态保护事业 3. 回顾发展历程，解决发展问题
活动准备		横幅
活动流程	准备阶段	1. 做好宣传工作，扩大影响力 2. 提前做好汇报发言准备
	活动流程	1. 各相关单位领导发言，展示湿地学校一年成果 2. 青少年志愿者发言，表现湿地学校对青少年影响 3. 对优秀的中学生湿地志愿者进行表彰，并寄语 4. 展望湿地学校下一年发展之路

案例三：

青海西宁湟水国家湿地公园第二批湿地学校成立授牌仪式

2021 年 5 月 22 日，青海西宁湟水国家湿地公园管理服务中心在青海西宁湟水国家湿地公园湿地课堂举办"国际生物多样性暨青海西宁湟水国家湿地公园第二批湿地学校授牌仪式"。青海省林业和草原局、西宁市林草局和青海西宁湟水国家湿地公园管理中心干部职工和西宁市三所小学师生代表 50 多人出席授牌仪式。

湿地学校为学校和学生志愿者拓展了研究型社会实践平台，激发和培养了学生的学习热情和社会责任感，将湿地公园、学校和环教机构进行资源链接，实现资源互补的同时，提升了学生参与社会实践的内涵。

在授牌仪式上，省林草局湿地管理处二级调研员祁承德致辞并宣布授牌。他说："多年来，青海西宁湟水国家湿地公园率先在 2019 年开展湿地自然学校，在省内 19 个国家湿地公园起到了引领和示范作用。今天又有三所小学将授牌设立湿地自然学校，我省湿地学校一天天在壮大。借此机会，我代表省林草局衷心感谢所有关心支持此项工作的老师、同学和各位朋友。"

青海西宁湟水国家湿地公园管理服务中心负责人张志法主任介绍了青海西宁湟水国家湿地公园的发展历程和现状，以及未来针对公众宣传教育将持续开展课程开发、教材编写以及师资队伍培育等工作。

西宁市杨家庄小学副校长周晓笑代表三所湿地学校致辞说："学校有责任、有义务引领孩子们了解湿地，爱上湿地，加入保护湿地的大家庭。共同保护湿地资源，共享绿水青山，为建设绿色发展样板城市、现代美丽幸福大西宁贡献力量。"

活动框架		具体内容
主题		青海西宁湟水国家湿地公园第二批湿地学校成立授牌仪式
设计意图		通过建立青海西宁湟水国家湿地公园第二批湿地学校，扩大湿地学校规模，扎实推进国家湿地公园宣教工作落地，提高学校、社会公众的参与度
活动目标		1. 完成青海西宁湟水国家湿地公园第二批湿地学校成立授牌 2. 将湿地公园、学校和环教机构进行资源链接 3. 拓展研究型社会实践平台，激发和培养学生的学习热情和社会责任感
活动准备		横幅
活动流程	准备阶段	1. 做好宣传工作，扩大影响力 2. 搜集学校生态保护资料与实践情况
	活动流程	1. 举办"国际生物多样性暨青海西宁湟水国家湿地公园第二批湿地学校授牌仪式" 2. 相关单位领导发言，表示对湿地学校的成果与未来期盼 3. 学校方发言，做出生态保护承诺 4. 总结展望

结　语

从 2013 年以来，西宁市林业和草原局，以青海西宁湟水国家湿地公园为依托，以市民对生态产品的需求为出发点，围绕湿地资源多功能多角度的特点，积极引进先进的理念探索自然教育发展路径。通过多年积极实践，逐步形成了青藏高原湿地特色自然教育发展模式，引领了省内自然教育行业的发展潮流，有力地推动了我省自然教育的建设步伐，为生态文明建设落地生根做实做强探索了路径。

自然教育要立足西宁市，放眼青海全省。青海省的自然环境复杂多样，雄踞世界屋脊，是长江、黄河、澜沧江的发源地，坐拥中国最大的内陆咸水湖青海湖，是国家重要的生态安全屏障。珍贵的生态家珍、重要的生态地位，赋予青海坚定不移守护"中华水塔"的政治责任，必须全力以赴守护好。

推动全市自然教育体系化建设。与主管部门加强合作，制定自然教育体系建设实施方案，使自然保护地自然教育规范化、体系化，不断提升自然教育工作质量和水平，建立开放共享、科学系统的自然教育发展模式。

推进自然教育基地建设。在现有基地基础上进行扩展，丰富自然资源多样性，形成示范带头作用，引导自然教育基地间通过合作联动提升服务能力和成效。

强化环境解说系统建设。自然教育是各类自然保护地的主要功能，解说系统是发挥自然教育功能的重要途径。进一步研究确定符合湿地公园环境解说系统目标、三维结构、主要功能、本地要素及建设步骤，明确解说系统的管理体系、规范体系、人才体系、设施体系和保障体系。

推进自然教育品牌活动创新升级。推进品牌升级，通过科技赋能和融媒体拓展，打造自然教育新格局，组织开展结合自身特点的线上＋线下自然教育品牌活动。充分发挥高校、科研院所优势形成高端化国际化自然教育品牌活动。进一步研究、完善湟水国家湿地公园自然教育体系，深度开发自然教育资源，科学设置自然教育课程，逐步健全完善相适应的自然教育服务设施。

推进高水平科普人才队伍建设。以打造高水平科普人才为目标，提升自然教育基地、研究等从业人员的科普能力，推进科普队伍的专业化发展，促进科研人员做科普、讲科学，推动科普志愿者队伍水平的建设，加强科普人员的服务保障，建立科普人员培训机制，持续推进科普专业技术职称的评定，提升科普人员专业素质和能力。着力打造自然生态体验区和自然教育平台，努力推动西宁湟水河国家湿地公园自然教育向规范化、体系化、现代化发展。

推进"湿地＋自然教育"产业提升。鼓励社会自然教育机构的发展，引导社会力量采用多种方式投入自然教育事业，积极探索市场化运作的自然教育发展模式。发展基于"湿地＋自然教育"的新业态，促进自然教育与科技创新、文化、旅游、艺术、体验等领域深度的融合发展，培育消费新市场。

未来，湿地公园自然教育将以《关于加快推进青海国家公园省自然教育高质量发展的指导意见》《青海省自然教育大纲》高质量发展为统领。以首善教育为抓手，以为市民提供更多、更优质的生态产品为目标，建设自然教育基地，培育自然教育的系列品牌。培养自然教育人才队伍，实施"湿地＋自然教育"提升计划，推动青海自然教育事业高质量发展，提高全民生态文明意识。

附　录

附录 1：2019—2022 年湿地公园自然教育实践一览表

2019 年活动表

序号	活动时间	活动主题
1	2018.7.24	走进湿地关爱湿地，共青团西宁市第一中学委员会"绿色先锋"志愿服务队走进西宁湟水国家湿地公园
2	2018.8.10	奇妙水世界：这个暑假，你们都在干吗？要么出门旅游观光，要么在家写作业，还能干什么！
3	2019.1.17	2019 世界湿地日：小小环保宣讲员——守护绿色，我要发声
4	2019.1.18~1.19	2019 世界湿地日：小小探险家之飞羽寻踪
5	2019.1.26	2019 年世界湿地日启动仪式暨公众（青少年）参与湿地保护自然教育活动
6	2019.3.13	西宁首个湿地学校在西宁市第一中学落成
7	2019.4.23	西宁市公交集团公司"湟水河的记忆"
8	2019.5.19	2019 年科学公众日走进西宁湟水国家湿地公园
9	2019.6.8	小鸟是如何孵化的？湿地有哪些植物？
10	2019.6.15	湿地学校"湟鱼洄游季　见证生命奇迹——共护沙柳河湿地"主题活动
11	2019.6.15	湿地学校鸟岛国际重要湿地开展志愿宣讲服务
12	2019.10.19	湿地学校"雁声芦叶老　鹭影蓼花寒——共护南门峡湿地"主题活动

2020 年活动表

序号	活动时间	活动主题
1	2020.1.11~1.19	世界湿地日系列主题活动
2	2020.3	世界地球日系列主题活动
3	2020.4.19	2020 "爱鸟周" 宁湖湿地公众参与爱鸟护飞行动
4	2020.4.22	2020 "爱鸟周" 湿地学校第一课 "探秘地球" 开讲啦！
5	2020.5.1~5.17	2020 年 "爱鸟周" 你 "视" 界的鸟作品征集活动
6	2020.5.21	青海省首家湿地学校成立一周年！
7	2020.5.22	生物多样性日自然教育实践分享
8	2020.7.14	奇妙水世界探秘！
9	2020.7.26	这里读懂湿地，绿色湿地志愿行
10	2020.8.20~8.26	"科技战疫，创新强国" 湿地自然教育科技活动周启动
11	2020.9.20	师资自然教育培训——第一期湿地管理人员培训
12	2020.10.11	"小手拉大手　共绘湟水河——大型亲子公益活动" 暨青海西宁湿地野生动物宣传月启动仪式
13	2020.10.17	西宁一中湿地学校教师走进南门峡国家湿地公园交流学习

2021 年活动表

序号	活动时间	活动主题
1	2021.1.10	世界湿地日网络征文活动
2	2021.1.17~1.30	2021 世界湿地日"湿地与水 同生命 互相依"
3	2021.2.2	2021 世界湿地日专家线上科普讲座活动
4	2021.2.2~2.3	2021 世界湿地日"湿地 100 问"线上知识竞答公众参与活动
5	2021.2.5~2.20	2021 世界湿地日"我与湿地的合影"赏析
6	2021.2.8~3.5	2021 世界湿地日"我与湿地的自然笔记"赏析
7	2021.3.3	西宁湟水国家湿地公园陪你一起过世界野生动植物日
8	2021.4.21	2021 世界地球日第 52 个世界地球日活动开启
9	2021.4.22	2021 世界地球日共建地球生命共同体
10	2021.4.22	2021 世界地球日珍爱地球 人与自然和谐共生
11	2021.4.24	喜迎建党 100 周年青海"爱鸟周"系列宣传活动启动
12	2021.5.22	"国际生物多样性日"暨西宁湟水国家湿地公园第二批湿地学校成立授牌仪式
13	2021.5.22	2021 国际生物多样性日青海西宁湟水国家湿地公园寻宝记
14	2021.5.22	2021 全国科技周青海西宁湟水国家湿地公园科普课堂
15	2021.5.28	2021 全国科技周系列走进湟水国家湿地公园 与植物共"绘"夏天
16	2021.6.4	2021 六五环境日爱护湟水母亲河，献礼世界环境日——走进光华社区
17	2021.6.19/7.3	湿地课堂"开课"啦！
18	2021.7.16	科技进寺庙 服务到藏地
19	2021.9.16	省政协"委员活动日"走进湟水湿地
20	2021.9.23	2021 全国科普日湟水湿地的自然脉动之秋分——一叶知秋
21	2021.10.1	西宁湟水湿地第 30 届野生动物宣传月活动：亲子草坪帐篷彩绘艺术节
22	2021.10.13~10.15	二十四节气之寒露——金秋寒露，认识湟水鸟儿的家
23	2021.10.16	"生态报国青年先行 志愿服务新高地建设"青少年生态文明志愿服务主题实践活动
24	2021.12.10	湿地进课堂 营建新风尚——湿地鱼类生物多样性示范课开课了

2022 年活动表

序号	活动时间	活动主题
1	2022.1.12	2022 世界湿地日系列活动一："湿地探秘"
2	2022.1.12	2022 世界湿地日系列活动二："深化湿地认识保护，打造生态绿色大讲堂"
3	2022.1.12	2022 世界湿地日系列活动三："推进全民义务植树　构建绿色生态屏障"
4	2022.1.26	2022 世界湿地日系列活动四：冬日相约湟水湿地　镜头定格"湿地精灵"
5	2022.1.26	2022 世界湿地日系列活动五：西宁市第 26 个"世界湿地日"主题宣传活动启动
6	2022.2.2	2022 世界湿地日系列活动六：以我心热爱湿地　以我行保护自然
7	2022.2.6~2.8	2022 世界湿地日系列活动七："送候鸟回家"线上互动活动
8	2022.2.18	2022 世界湿地日系列活动八：青春志愿新时代　碧水蓝天共发展
9	2022.3.3	2022 世界野生动植物日：科普互动知识问答　大奖拿到手软
10	2022.3.16	湿地学校西宁一中开学第一课
11	2022.4.30	2022 爱鸟周一：西宁市第 41 届"爱鸟周"线上系列宣传活动
12	2022.5.3	2022 爱鸟周二：西宁市第 41 届"爱鸟周"线上主题分享
13	2022.5.19	2022 科技周 / 国际生物多样性日：青海西宁湟水国家湿地公园生物多样性保护主题分享
14	2022.5.22	2022 国际生物多样性日：青海西宁湟水国家湿地公园主题宣传活动
15	2022.8.24	西宁湟水国家湿地公园自然教育系列课程：二十四节气之处暑
16	2022.9.18	西宁湟水国家湿地公园自然教育系列课程：二十四节气之秋分
17	2022.9.24	2022 西宁市野生动植物保护宣传月一：西宁小朋友游览湿地 乐享周末时光
18	2022.10.2	2022 西宁市野生动植物保护宣传月二：携手城市公园 和谐自然万物
19	2022.10.3	2022 西宁市野生动植物保护宣传月三：林间的小孩
20	2022.10.4	2022 西宁市野生动植物保护宣传月四：雪豹的救护

附录2：《湿地学校争章手册》

1. 争章

争章行动以个人为单位，在各中队辅导员（班主任）的指导下由本人记录在校期间各项争章表现，并由校团委颁发奖章贴纸。每位志愿者可根据奖章活动类别，结合自身实际，志愿参加各类活动。每参加一次奖章相对应类别活动并出色完成任务的，则颁发一枚相对应类别奖章贴纸。原则上，每学期集齐奖章贴纸3枚以上（不限类别），才有资格参加夏扬好少年评章。

2. 评章

校团委每学期面向全体志愿者进行一次评章活动。对争章达标合格的小卫士，由团委学生委员和各班团队干部在民主评议会上组织评章。评章以同学活动表现记录、同学相互评议、投票推荐等方式进行，并做好会议记录。在评章中涌现出的优秀小卫士，校团委将予以颁章。

3. 颁章

颁章在主题活动或团队活动时间举行，仪式简洁而不失隆重。颁章的同时，在《西宁市第一中学1913.夏扬小卫士争章手册》记录获章荣誉情况，并详细记录争章成长的足迹。

颁章分为三个类别，在各类绿色环保活动中表现突出的，统一颁发蓝色旗帜奖章；在各类发扬传统活动中表现突出的，统一颁发红色旗帜奖章；在各类关爱送温暖活动中表现突出的，统一颁发黄色旗帜奖章。

其中，对每一类别各争到一个章的小卫士和争章活动中表现特别突出的小卫士，校团委将在"五四""10·13"、开学典礼等重大节庆活动组织颁发校级"夏扬好少年"校长（书记）纪念币，由校长（书记）亲自对其颁发。

个人信息

姓　名		（照片）
性　别	民　族	
出　生 年　月	籍　贯	
所在团支部 (少先中队)		
家 庭 住 址		
家 长 姓 名		
联 系 电 话		
备　注		

基础奖章一览表

类　别	奖　章
扬绿色	
扬温暖	
扬传统	

1913. 夏扬好少年成长日记

活动时间	
活动主题	
活动记录	
活动心得	

中队（团支部） 考评意见	校团委考评意见	奖章贴纸
辅导员签字： 年 月 日	（盖章） 年 月 日	